AF340354

NOTICE SUR LES EXPÉRIENCES

DE

Rabbi Hirsch.

————

L'incompréhensible n'est point l'absurde.

FRÉDÉRIC II.

IL y a quelques années, pour amener le récit des faits qui forment le sujet de cet article, nous aurions eu besoin d'user de longues préparations, tant ces faits semblent incroyables. De quoi s'agit-il? D'une faculté que le magnétisme a souvent révélée, mais qui cette fois se produit dans l'état de veille, de la puissance de voir à travers les corps opaques. Quelque extraordinaires que

1843

soient les expériences de M. Hirsch, le public est aujourd'hui préparé à en entendre les détails, sans trop d'incrédulité; il y a eu une sorte de gradation dans le merveilleux; le magnétisme a disposé les esprits à accepter comme possibles des choses qui, au moyen âge, eussent été attribuées à la sorcellerie. Georges Sand n'est pas seul à se dire: « Je suis » persuadé que certains individus de notre espèce peuvent » voir dans des conditions où l'exercice des sens serait interdit » à la généralité des autres individus. Eh bien, depuis ce » temps, j'admire ma tranquillité. Il m'avait semblé qu'un tel » fait me paraîtrait surnaturel, qu'il bouleverserait ma raison, » qu'il me rendrait accessible à toutes les billevesées du » monde, et je craignais d'arriver à la certitude que je cher- » chais. Voilà qu'il se trouve que rien de pareil ne s'est » opéré en moi. » [1]

L'homme singulier dont nous avons à parler est un israélite polonais; il s'appelle Rabbi Hirsch Dœnemark; il est âgé de 54 ans; sa taille, moyenne, est bien prise, sa démarche est assurée, ses cheveux sont noirs, ses traits réguliers, sa constitution paraît robuste.[2] M. Hirsch est arrivé à Metz au mois

---

[1] Mouny-Robin.

[2] M. Hirsch est cependant d'une extrême sensibilité nerveuse. Tout bruit agit sur lui d'une manière désagréable, du moins pendant qu'il fait ses expériences. Il demande, avant la séance, que la pièce où elles doivent avoir lieu ne donne pas sur la rue, que l'on fasse silence, et qu'on ne lui adresse pas de questions sur des matières religieuses. Il ferme ordinairement les yeux quand il lit: il dit avoir découvert ses facultés à l'âge de douze ans. Aux bains publics, il s'est fait préparer un bain sans aucun mélange d'eau froide; on avait peine à y tenir la main. Il a assuré se trouver très-bien de cette température élevée.

Beaucoup de journaux ont parlé de M. Hirsch. Entre autres l'*Indépendant*, dans ses numéros du 2 et du 5 août: le *Moniteur* pad'août dernier, muni de certificats qui lui ont été délivrés par le pape, le prince de Metternich et les premiers professeurs des universités d'Allemagne. Les trois séances que M. Hirsch a données à Metz n'ont en rien démenti sa réputation. La première séance a eu lieu le 2 août, en présence de M. le grand Rabbin et de plusieurs hébraïsants ; la seconde au grand séminaire, dont la plupart des professeurs savent l'allemand et l'hébreu ; la troisième dans une maison particulière où se trouvaient plusieurs personnes notables.

Pour l'intelligence des expériences faites sur le *Talmud*, il est nécessaire de donner quelques explications sur ce livre, qui se compose de 36 volumes in-folio. Le texte est accompagné, à droite et à gauche de chaque page, de deux commentaires différents qui, lorsqu'ils sont très-amples, envahissent presque toute la page, et réduisent quelquefois le texte à deux ou trois lignes. A côté des commentaires se trouvent quelquefois des notes qu'on nomme la concordance. Il résulte de là une disposition typographique dont l'aspect varie à chaque page : le *Talmud* est paginé.

Les expériences suivantes ont été faites sans la moindre hésitation :

I. Lorsque le livre se trouve retourné, M. Hirsch l'indique aussitôt, bien que ce livre ne porte aucun signe extérieur qui puisse faire soupçonner qu'il n'est pas dans son vrai sens.

II. M. Hirsch prie une personne d'introduire son doigt ou une épingle dans la tranche de devant d'un livre fermé posé

risien, dans son numéro du 6 septembre 1842. Ces feuilles nous paraissent à tort attribuer à la mémoire toutes les expériences de M. Hirsch.

Dans les *Archives israélites de France*, 8 août 1842, on lit aussi un article intitulé : « Le Rabbi Hirsch Dœncmark. »

sur son plat, et dont on tourne le dos de son côté. Il lit le mot sur lequel pose le doigt, ou annonce lorsqu'il porte sur une partie blanche de la page. Parmi les expériences s'est présentée la suivante, qui est très-remarquable : M. Hirsch dit que le doigt porte sur deux mots effacés à la plume, ce qui se trouve vrai.

III. Il demande que plusieurs personnes désignent chacune le chiffre d'une page et le quantième d'une ligne, à partir du haut ou du bas de la page, soit du texte, soit du commentaire, et il lit successivement les lignes désignées, le livre restant fermé.

Prié de lire la 17e ligne du texte de la 34e page du *Talmud*, il répond que le texte n'a que deux lignes et un mot.

On lui demande de lire la 19e ligne de la page 556, il fait observer que le volume n'a que 542 pages, et ajoute que la dernière page n'a que 15 lignes.

On le prie de lire telle ligne de la page 58; on ne trouve pas à cette page ce qu'il vient de lire; il fait remarquer qu'il y a une faute d'impression dans la pagination, et qu'il faut lire à la page suivante.

IV. M. Hirsch demande que l'on fasse une oreille à un feuillet d'un volume que l'on referme aussitôt. Il lit le mot qui correspond à la pointe de l'oreille ainsi que les mots qu'elle recouvre; il indique aussi le numéro de la page. On répète la même expérience, mais d'une manière plus compliquée, en faisant une oreille à plusieurs feuillets réunis. M. Hirsch lit le mot qui, à chaque page, correspond au coin de l'oreille.

V. M. Hirsch prie quelqu'un de poser un doigt sur la couverture du volume fermé, il invite ensuite plusieurs personnes à désigner chacune une page quelconque; il lit le mot qui correspond, pour chaque page, au doigt placé sur la couverture.

VI. A une page désignée, M. Hirsch indique avec son doigt, par-dessus la couverture de l'un des volumes du *Talmud*, la disposition typographique du texte qui, comme nous l'avons dit, varie à chaque page.

VII. On ouvre le volume au hasard et on y enfonce perpendiculairement une épingle. On prie M. Hirsch de lire aux pages 58, 74, les mots traversés par l'épingle ; il répond que l'épingle ne traverse aucun mot. Quelquefois après avoir lu une ligne désignée dans le texte du *Talmud*, M. Hirsch continue avec une extrême volubilité la lecture de la page entière, en y intercalant les commentaires relatifs à tous les mots auxquels ils se rapportent.

A la séance du séminaire, quand on lui citait un verset, il répétait tous les versets suivants : il attribue lui-même ce dernier fait à la mémoire.

VIII. La traduction hébraïque du Nouveau Testament ayant été présentée à M. Hirsch, après en avoir lu un mot, il se tait. Il ouvre ensuite ce livre en le tenant verticalement et le dos tourné de son côté, et lit les mots sur lesquels pose un de ses doigts. Il lit également les mots touchés par une autre personne.

IX. M. Gerson-Lévy possède un manuscrit hébraïque écrit en caractères cursifs, que n'emploient point les juifs polonais, mais dont certains passages sont écrits en caractères imitant ceux de l'impression. Lorsque le doigt (ou l'épingle), enfoncé dans la tranche de ce manuscrit, porte sur l'écriture cursive que M. Hirsch ne sait pas lire, il indique la place où il faut mettre le doigt pour qu'il rencontre les mots écrits en caractères typographiques.

M. Hirsch a opéré aussi sur d'autres ouvrages hébreux que possède M. Gerson et qui lui étaient inconnus. A la séance du séminaire, M. Hirsch a également fait l'épreuve de sa faculté sur des livres dont il ignorait l'existence.

Une chose à remarquer, c'est que M. Hirsch, avant de faire ses expériences, touche la couverture du volume et quelques-unes de ses pages. Interrogé s'il lui suffirait de toucher un corps en contact avec le livre, il répond qu'il n'en sait rien, n'ayant pas fait cet essai. On place alors un livre sur la *Bible*, il le touche, hésite quelque temps, s'écrie : *Je vois !* et commence à lire la ligne qu'on lui désigne.

On lui demande ensuite de lire sans se mettre en contact avec la *Bible*, il refuse ; on insiste ; il prie quelqu'un de mettre un doigt dans la *Bible*, et se contente de diriger la main vers le doigt qu'une personne a introduit dans le livre.

On l'engage à lire de plus loin et toujours sans toucher le livre. Il fait flotter son mouchoir vers la personne qui est en contact avec la *Bible*, sans toutefois toucher cette personne, et lit sans peine.

Ces trois expériences sont fort singulières, et peuvent faire supposer que M. Hirsch a besoin d'établir une sorte de rapport avec le livre ou la personne qui le touche.

M. Hirsch a commis quelquefois une légère erreur : il lui est arrivé de lire la ligne placée au-dessus ou au-dessous de celle qu'on désignait.

Pensant que M. Hirsch pourrait voir ce que contient une boîte, on lui propose 100 francs s'il veut faire cette expérience, qui eût été des plus concluantes ; il s'y refuse, et peu de temps après, de lui-même, il dit à M. G. et à M. A., son gendre, qu'ils n'ont point sur eux de petits *taleths*, espèce de scapulaire que les israélites doivent porter sous leurs vêtements ; il ajoute qu'un autre israélite a un *taleth* sur lui, mais que l'un des huit fils de la frange d'une des houppes est plus court de moitié que les autres, ce qui est trouvé exact.

Les *taleths* sont ornés de quatre houppes composées de quatre fils, et serrées par un autre fil qui en fait sept fois le tour transversalement ; le nombre sept est prescrit par le rit. Cette explication est utile pour faire comprendre ce qui suit : M. A. va mettre son *taleth* ; M. Hirsch s'en aperçoit aussitôt, et lui dit qu'une des houppes porte huit tours au lieu de sept. Ce fait, constaté à l'instant, était ignoré par M. A. lui-même.

Voici quelques autres expériences de M. Hirsch devant l'empereur Nicolas: il répéta, après l'avoir lue une fois, la liste de tous les officiers de l'armée, puis il la redit en commençant par la fin.

A Rome, le pape fit venir de la bibliothèque du Vatican un manuscrit hébraïque en lettres d'or, et demanda à M. Hirsch de lire telle ligne à telle page; celui-ci répondit qu'il n'y avait qu'une seule ligne dans la page indiquée.

Un coup d'œil rapide jeté sur une page in-folio d'un livre suffit à M. Hirsch pour dire exactement le nombre de lignes qu'elle contient; de même pour une lettre.

Rapportons maintenant un fait d'un autre genre:

M. B...., employé dans une administration, a été, dans sa jeunesse, la cause indirecte et bien innocente d'un procès en contravention intenté il y a 22 ans à M. G. Celui-ci ne connaissait pas alors M. B...., avec lequel il s'est lié depuis. M. B...., de retour à Metz après une absence de dix ans, vint faire une visite à M. G. Il causait amicalement avec lui, lorsque tout à coup M. Hirsch s'adressant à M. G.: voilà, lui dit-il, en lui montrant M. B...., un homme que vous aimez, que vous estimez, qui vous paie de retour, et qui cependant vous a innocemment occasionné un procès, par suite duquel vous avez passé bien des nuits sans sommeil.

M. Hirsch n'avait eu aucun rapport avec M. B...., et ne pouvait par personne être instruit du fait depuis longtemps oublié auquel il faisait allusion.

M. Hirsch prétend que ses facultés sont un don du ciel; il s'intitule *l'homme du miracle* (der wundermann). Ses expériences se composent, dit-il, de faits naturels et de faits surnaturels. Dans les premiers, il place la lecture continue d'un texte, et reconnaît que c'est un effet de mémoire; il regarde comme appartenant au second les divers faits de vue au travers des livres.

Son fils, âgé de dix ans, qui est à St.-Pétersbourg, possède les mêmes facultés que lui, mais à un plus haut degré. On le consulte pour les maladies et les procès dont on veut connaître l'issue. Devant l'empereur de Russie, il a indiqué ce que renfermait la chambre de l'impératrice.

La vue à travers des corps opaques est un prodige qui a déjà été remarqué dans d'autres personnes que M. Hirsch. Quelques cataleptiques, les individus attaqués de maladies nerveuses, les somnambules naturels et magnétiques, sont souvent doués de cette merveilleuse faculté. Le savant professeur Dumas, après avoir parlé de faits de transposition de sens dont il avait été témoin, ajoute: « Je ne me dissimule pas que les faits de ce » genre, en opposition avec toutes les lois de la nature, ne » doivent point obtenir sans difficulté ni sans restriction l'as- » sentiment des esprits sages, qui craignent d'être abusés; mais » si l'on multiplie les observations à cet égard, si l'on constate » avec scrupule les moindres circonstances de chaque obser- » vation, il faudra bien reconnaître la possibilité d'un phé- » nomène qui ne semble peut-être aussi merveilleux que faute » d'avoir beaucoup de faits auxquels on puisse le comparer. » [1] (*Journal général de médecine*, t. 25, N° 113, p. 77, 11ᵉ année.)

---

[1] Nous citons quelques recueils qui, dans ces derniers temps, ont parlé de phénomènes de ce genre : *Journal des Connaissances médico-chirurgicales*, N° 7, mars 1855, p. 218.

*Gazette médicale de **P**aris*, t. 2, p. 54.

Idem, t. Iᵉʳ, 1853, p. 106.

*Revue des **D**eux-Mondes*, t. 29, 1ᵉʳ Mars 1842, p. 716.

Revue britannique, t. 12, Nov. 1854, p. 180.

Moniteur parisien du 27 Juillet 1859.

Nous citerons encore comme très-intéressant sur cette matière l'*Electricité animale*, du docteur Peletin, et enfin l'ouvrage du docteur allemand Joseph Franck : *Praxeos medicæ universæ præcepta*.

M. Hirsch n'est, du reste, pas le seul homme qui, dans l'état normal, possède une faculté observée plus ordinairement dans les individus malades. Théodore Agrippa d'Aubigné parle dans ses *mémoires* d'un muet qui savait se faire entendre par signes. Ce muet découvrait les choses les plus cachées; il disait à ceux qui le lui demandaient leurs généalogies. Il spécifiait les pièces de monnaie que chacun avait dans sa poche; enfin il prédisait l'avenir: il annonça l'assassinat de Henri IV trois ans et demi avant qu'il fût commis. [1]

Gaspard Hauser, cet être mystérieux, élevé dans une espèce de cachot, à l'abri du jour, avait acquis une sensibilité nerveuse qui le rendait semblable aux somnambules. La présence des métaux lui causait une sensation très-vive. Il distinguait les couleurs dans la nuit la plus obscure; il apercevait des étoiles invisibles à la vue ordinaire, etc., etc.

Le célèbre mathématicien Huyghens, dans une lettre qu'il écrivit de La Haye, le 26 novembre 1646, au père Mersenne, atteste le fait suivant: « On a vu à Anvers un prisonnier dont la » vue était si perçante et si vive, qu'il découvrait sans aucun » secours d'instrument et avec facilité tout ce qui était caché » et couvert, sous quelque sorte d'étoffes ou d'habits que ce » fût, à l'exception seulement des étoffes teintés en rouge. » (*Variétés. Hist. phys. et litt.* Paris, Noyon, 1752, t. 2, 2e partie, p. 475.)

M. le docteur Willaume, dans une lettre adressée à l'Académie royale de Médecine, rapporte divers faits fort singuliers. A Strasbourg, pendant la foire, il entra dans une baraque de saltimbanques. Dans cette baraque, une femme paraissant d'une bonne santé, sans préparatifs, sans passes, ayant les yeux bandés et tournant le dos aux spectateurs, devinait, lisait,

---

[1] Voyez à ce sujet l'analyse de la Démonomanie de Bodin. *Austrasie*, t. 5, p. 254.

voyait. Elle révéla l'âge d'une personne, dit de quel métal était une montre, l'heure qu'elle indiquait, de quelle espèce était une pièce de monnaie qu'un individu tenait dans sa main, quelle était l'effigie, quel était le millésime de cette pièce, etc., etc.

Voici comme M. Willaume termine la lettre d'où nous avons extrait ces faits:

« La séance terminée, je demandai au bateleur s'il s'avait
» ce que c'était que le magnétisme animal, il me répondit
» qu'il ne savait pas ce dont je voulais lui parler.

« J'ai pensé que le récit de ces *jongleries* dont je n'ai pas la
» clef, pourrait servir à la commission du magnétisme à
» apprécier les merveilles qu'on se propose de lui faire voir
» encore. »[1]

M. le docteur Willaume est, on le voit, assez sceptique à l'endroit des choses surnaturelles; cela ne nous empêchera pas de répéter humblement les paroles de Pline: « Multa latent in » majestate naturæ. »

Une personne en qui nous avons toute confiance, nous communique des faits bien étranges propres à former un curieux appendice à ce que nous venons d'écrire. Une fille nommée Madelaine, habitant le département de l'Isère, devint comme folle; elle disait qu'ayant communié en état de péché mortel, le démon s'était emparé d'elle. Elle fut amenée à Gap chez des sœurs, où plusieurs prêtres instruits et un médecin,

[1] Histoire académique du magnétisme animal, par Burdice et Dubois (d'Amiens), 1841, page 583.

M. R., furent chargés de l'examiner et de veiller sur elle. Voici ce qui fut observé : elle montrait parfois des sentiments religieux, puis c'était tout le contraire. Elle consentait à aller à la messe, elle le désirait; mais au moment de la consécration, elle faisait d'affreuses contorsions, voulait être emmenée, et proférait d'épouvantables blasphèmes. Une fois alors on l'entendit s'écrier : laissez la tranquille; vous lui faites un mal horrible! (il faut dire qu'elle avait l'habitude de parler d'elle à la troisième personne). Comme on ne lui avait pas vu remuer les lèvres, M. R. jugea qu'elle était ventriloque.

On avait averti les religieuses que Madelaine avait le don de connaître les choses les plus secrètes, elles mirent cette faculté à l'épreuve : Madelaine annonça à quelqu'un que le lendemain il recevrait une lettre de Bordeaux contenant telles et telles choses, ce qui fut vérifié par l'événement. Elle dit à la supérieure que l'évêque de Bellay (il était venu à Gap), allait lui faire une visite et débuterait par lui adresser diverses questions. — Mais quelle est sa manière de voir sur ses questions, demanda la supérieure. — Si vous voulez lui répondre comme il le désire, reprit Madelaine, vous lui répondrez de telle et telle façon. L'évêque vint, la supérieure lui fit part de ce que Madelaine avait dit, et tout se trouva vrai de point en point.

On consulta Madelaine sur des malades, elle dit ce qu'ils souffraient et comment ils devaient être traités. Elle entra à ce sujet dans des explications que personne n'aurait pu donner sans avoir étudié l'anatomie. M. R. voulant acquérir une nouvelle preuve de sa clairvoyance, lui demanda un jour de lui révéler le lendemain à quoi il aurait pensé à quatre heures. Elle le lui dit: c'était à sa mère, morte depuis assez longtemps.

Quelquefois Madelaine répondait fallacieusement au sujet des malades pour lesquels on l'interrogeait. Une fois on consulta M. R. sur une drogue qu'elle avait prescrite, il la défendit comme devant être mortelle. On commanda à Madelaine de

décrire l'état du malade. « On a montré mon ordonnance au
» médecin, dit-elle, il a bien fait de ne pas la laisser suivre,
» l'homme serait mort s'il avait pris cela. »

En prononçant ces mots elle éclata de rire, puis elle pres-
crivit un traitement convenable.

Ces faits se sont passés en 1838. Nous les livrons sans commentaires à nos lecteurs, parce qu'ils repoussent d'eux-mêmes
tout soupçon de jonglerie et parce que nous n'oserions tenter
de les expliquer.

Metz, Typographie de DEMBOUR et GANGEL.